Benjamin Raphael Mashauri

Avaliação do cataplasma de Eucalyptus Grandis

Benjamin Raphael Mashauri

Avaliação do cataplasma de Eucalyptus Grandis

Eficácia em termos de dose de concentração como antídoto para o veneno de cobra

ScienciaScripts

Cover image: www.ingimage.com

This book is a translation from the original published under ISBN 978-3-659-82345-9.

Publisher:
Sciencia Scripts
is a trademark of
Dodo Books Indian Ocean Ltd. and OmniScriptum S.R.L publishing group

120 High Road, East Finchley, London, N2 9ED, United Kingdom
Str. Armeneasca 28/1, office 1, Chisinau MD-2012, Republic of Moldova, Europe
Managing Directors: Ieva Konstantinova, Victoria Ursu
info@omniscriptum.com

Printed at: see last page
ISBN: 978-620-8-40087-3

RESUMO

A cataplasma de carvão de eucalipto *(Eucalyptus grandis)* tem muitos valores medicinais significativos na cultura nativa da Tanzânia e em todo o mundo que não foram provados cientificamente. Uma das utilizações populares da cataplasma de carvão de eucalipto, para além de neutralizar envenenamentos de quase todos os tipos, incluindo cogumelos, drogas, pesticidas, herbicidas, substâncias cancerígenas, metais pesados, gases, gasolina, é o seu potencial para neutralizar o veneno das cobras e tornar inofensiva a picada dos répteis. Este estudo centra-se no desenvolvimento de um antiveneno citotóxico para serpentes a partir do seu cataplasma pulverizado essencial obtido por maceração. Foram recolhidos 500g e 250g de carvão de eucalipto pulverizado e mergulhados em 1000ml de água destilada durante 3 dias, respetivamente, para permitir uma extração eficaz dos fitoquímicos do carvão pulverizado e, finalmente, as misturas foram colocadas num banho de água para concentrar ainda mais a cataplasma obtida. Além disso, no caso do veneno de serpente, o veneno da cobra cuspideira foi diluído numa proporção de 1:5, em que 10 microlitros de veneno foram cuidadosamente misturados em 40 microlitros de água para injeção, de modo a obter 5% da solução. Os testes envolveram a introdução de 10 microlitros da solução a 5% contendo veneno de cobra num local ligeiramente incisado da parte do corpo do rato e, em seguida, para a experiência sobre a avaliação da cataplasma de *Eucalyptus grandis* como antídoto para o veneno de cobra; após cinco e após quinze minutos, a única cataplasma preparada de 500 g foi colocada/vestida sobre esse local específico para os ratos dos grupos um e dois, dois ratos por cada grupo, perfazendo um total de quatro ratos. Os restantes quatro ratos de controlo foram tratados da mesma forma, à exceção da aplicação de cataplasma sobre o local ligeiramente incisado, no qual foram introduzidos 10 microlitros de solução a 5% contendo veneno de cobra. Por outro lado, para a experiência sobre a eficácia da dose de concentração da cataplasma *de Eucalyptus grandis* como antídoto para o veneno de serpente, a cataplasma preparada com 500 g e 250 g foi colocada/vestida sobre o local envenenado nos ratos dos grupos um e dois, respetivamente, dois ratos por cada grupo, perfazendo um total de quatro ratos. Os restantes quatro ratos de controlo, de cada uma das duas experiências, perfazendo um total de oito ratos, foram tratados da mesma forma, com exceção da aplicação de cataplasma sobre o local ligeiramente incisado, no qual foram introduzidos 10 microlitros da solução a 5% contendo veneno de cobra. Após testar e comparar os resultados, a eficácia avaliada dos cataplasmas de carvão de eucalipto *(Eucalyptus grandis)* no tratamento de ratos após exposição a veneno de cobra foi extrapolada para os cuidados de saúde humanos de forma significativa devido a esta investigação científica experimental (estudo) aleatória.

RECONHECIMENTO

Em primeiro lugar, gostaria de agradecer a Deus Todo-Poderoso pela sua orientação e proteção durante todo o trabalho deste projeto. Agradeço ao meu orientador **PROF. C. D. LUZIGA** pela sua orientação, apoio e tempo para permitir a conclusão desta pesquisa. Agradeço também à Universidade (SUA) e aos meus tutores pelo seu apoio material e moral para a realização desta atividade de investigação.

DEDICAÇÃO

Este trabalho de investigação é dedicado à minha família da Igreja pelo apoio moral e material, independentemente da situação.

Índice

CAPÍTULO 1

1.0 INTRODUÇÃO

1.1. Informações gerais

Os eucaliptos são as árvores de folhosas mais plantadas no mundo. A sua extraordinária diversidade, adaptabilidade e crescimento tornaram-nas num recurso global renovável de fibra e energia. Sequenciámos e montámos >94% do genoma de 640 megabases do *Eucalyptus grandis*. Dos 36.376 genes codificadores de proteínas previstos, 34% ocorrem em duplicações em tandem, a maior proporção até agora registada em genomas de plantas. *O eucalipto* também apresenta a maior diversidade de genes para metabolitos especializados, como os terpenos, que actuam como defesa química e fornecem óleos farmacêuticos únicos. A sequenciação do genoma da espécie irmã *do E. grandis, E. globulus*, e de um conjunto de genomas de árvores consanguíneas *de E. grandis* revela uma evolução dinâmica do genoma e pontos críticos de depressão endogâmica. O genoma *de E. grandis* é a primeira referência para a ordem Myrtales das eudicotiledóneas e é colocada como irmã dos eurosídeos. Este recurso expande a nossa compreensão da biologia única das grandes plantas lenhosas perenes e fornece uma ferramenta poderosa para acelerar a biologia comparativa, o melhoramento e a biotecnologia. (Myburg *et al.*, 2014).

Na Tanzânia, estima-se que existam cerca de 25 000 ha de plantações de eucaliptos, dos quais 4 665 ha são cultivados pelo governo e os restantes pelo sector privado e por pequenos agricultores. As espécies de eucalipto habitualmente plantadas na Tanzânia são *E. saligna, E. grandis, E. camaldulensis, E. globules, E. viminalis, E. citriodora, E. regnas, E. microtheca, E. tereticornis, E. maidenii. E. maculata, E. paniculata, E. resinífera, E. urophylla* e *E. robusta,* de acordo com (Pima *et al.*, 2016)

1.2. Enunciado do problema e justificação.

O envenenamento por serpentes venenosas é um problema de saúde complexo e negligenciado, implicado como uma das principais causas de mortalidade, incapacidade, morbilidade psicológica e perdas socioeconómicas registadas em todo o mundo. Cerca de 2,7 milhões de pessoas são mordidas por serpentes anualmente e 81.000138.000 destas vítimas morrem, de acordo com o lançamento da estratégia global da OMS para o controlo e prevenção do envenenamento por serpentes. Organização Mundial de Saúde, Genebra, Suíça. OMS 2019, Disponível em https://www.who.int/newsroom/events/launch-of-the-global- strategy-for-snakebiteprevention-and-control? As mordeduras são acompanhadas de mais 400 000 amputações e outras consequências graves para a saúde, como sequelas psicológicas, hemorragia, tétano, contracturas, mionecrose, cicatrizes e inflamação dos tecidos. O envenenamento por serpentes foi acrescentado à lista das doenças tropicais negligenciadas pela Organização Mundial de Saúde (OMS) em março de 2009 e posteriormente retirado. (Omara *et al.*, 2021) conclui que, com dados epidemiológicos suficientes, a ameaça foi novamente incluída na categoria A das doenças tropicais negligenciadas em junho de 2017. Na África Oriental, há pelo menos 200 espécies de serpentes registadas. Algumas destas espécies são inofensivas ou raras; no entanto, a víbora do puff *(Bitis arietans)*, a víbora do Gabão *(Bitis gabonica)*, a mamba verde ou de Jameson *(Dendroaspis jamesoni)*, a mamba negra *(Dendroaspis polylepis*\ cobra da floresta *(Naja melanoleuca)* e a cobra cuspideira de pescoço preto *(Naja naja nigricollis)* são responsáveis pela maioria das mordeduras venenosas na Comunidade da África Oriental (Omara *et al.*, 2021).

Um soro antiveneno derivado de cavalo é atualmente a base para a neutralização das acções sistémicas dos venenos de serpentes. No entanto, são ineficazes na neutralização dos danos locais nos tecidos, que continuam mesmo após a administração intravenosa do antídoto. Pior ainda, não exercem qualquer efeito na reversão dos sintomas locais, não estão disponíveis, têm problemas de administração e, normalmente, induzem reacções adversas como a reação de descendência, o choque anafilático e a doença do soro. Os obstáculos à gestão eficaz do envenenamento por serpentes na Comunidade da África Oriental vão desde redes rodoviárias deficientes, registos fragmentados e falta de educação em matéria de saúde pública até à ausência de antivenenos e instalações deficientes de conservação de antivenenos nos centros de saúde (Ochola. *et al,* 2018).

Este contexto tem sido a força por detrás da procura obsessiva de tratamentos complementares para as mordeduras de serpentes. Por conseguinte, é justificável a utilização de plantas e outras alternativas tradicionais nas zonas rurais para gerir o flagelo das mordeduras de serpentes. A OMS informou que 80% da população do mundo emergente subsiste da medicina tradicional para várias doenças? Da mesma forma, os países desenvolvidos também retrataram ascendência no uso de medicina complementar e alternativa, particularmente empregando ervas de acordo com o Relatório Global da OMS sobre Medicina Tradicional e Complementar, 2019, Acessado em 04 de março de 2020, Disponível. Não é surpreendente, portanto, que a maioria dos medicamentos alopáticos tenha as suas raízes na medicina antiga, e argumenta-se que novas moléculas terapêuticas serão desenvolvidas a partir da biodiversidade africana em estreita associação com as pistas fornecidas pelos conhecimentos e experiências tradicionais, de acordo com Gurib-Fakim A. (2006). (Omara *et al.*, 2021) concluíram que a utilização reverenciada de plantas medicinais na África rural, e especificamente na África Oriental, está ligada a razões culturais e económicas. É por isso que a OMS incentiva os Estados membros africanos a promover e integrar as práticas médicas tradicionais nos seus sistemas de saúde.

Em África, as picadas de cobra causam centenas de mortes por ano e milhares de casos de incapacidade física permanente, de acordo com a Ata Trop 1976; 33:307-41. Em todos os países afectados há uma escassez crescente de anti-veneno, o único tratamento específico eficaz (Laing GD et al, 1995)

Na Tanzânia, estima-se que existam cerca de 25 000 ha de plantações de eucaliptos, dos quais 4 665 ha são cultivados pelo governo e os restantes pelo sector privado e por pequenos agricultores. As espécies de eucalipto habitualmente plantadas na Tanzânia são *E. saligna, E. grandis, E. camaldulensis, E. globules, E. viminalis, E. citriodora, E. regnas, E. microtheca, E. tereticornis, E. maidenii. E. maculata, E. paniculata, E. resinifera, E. urophylla* e *E. robusta,* de acordo com (Pima *et al,* 2016)

Em suma, afirma-se que, em várias circunstâncias, as pessoas são acidentalmente expostas a mordeduras de cobras. Estes acontecimentos podem ser uma experiência quotidiana contra a qual temos de lutar. As barreiras para o manejo eficaz do envenenamento por cobras, especialmente em áreas rurais e remotas ou comunidade, vão desde redes rodoviárias precárias, registros fragmentados e falta de educação em saúde pública até a ausência de antivenenos e instalações precárias de preservação de antivenenos nos centros de saúde (Omara *et al,* 2021). Atualmente, um dos bons e simples remédios à base de ervas que já provou ser útil depois de ter sido aplicado em casos de doença ou acidente é o cataplasma feito de carvão pulverizado de eucalipto (White. E.G., 2SM 295.3).

1.3. Objectivos.

1.3.1. Objetivo principal

Avaliar a aplicação de cataplasma de eucalipto no tratamento do veneno de cobra

1.3.2. Objectivos específicos.

i. Avaliar as manifestações clínicas após a picada da cobra e no decurso da aplicação do antiveneno.

ii. Determinar a eficácia da cataplasma de eucalipto no tratamento do veneno citotóxico de serpentes.

iii. Determinar a eficácia da dose concentrada de cataplasma de eucalipto como antídoto para o veneno de cobra.

CAPÍTULO 2

2.0. REVISÃO DA LITERATURA

2.1 Fundo

Os eucaliptos são as árvores de folhosas mais plantadas no mundo. A sua extraordinária diversidade, adaptabilidade e crescimento tornaram-nas num recurso global renovável de fibra e energia. Sequenciámos e montámos >94% do genoma de 640 megabases do *Eucalyptus grandis*. Dos 36.376 genes codificadores de proteínas previstos, 34% ocorrem em duplicações em tandem, a maior proporção até agora registada em genomas de plantas. *O eucalipto* também apresenta a maior diversidade de genes para metabolitos especializados, como os terpenos, que actuam como defesa química e fornecem óleos farmacêuticos únicos. A sequenciação do genoma da espécie irmã *do E. grandis, E. globulus*, e de um conjunto de genomas de árvores consanguíneas *de E. grandis* revela uma evolução dinâmica do genoma e pontos críticos de depressão endogâmica. O genoma *de E. grandis* é a primeira referência para a ordem Myrtales das eudicotiledóneas e é colocada como irmã dos eurosídeos. Este recurso expande a nossa compreensão da biologia única das grandes plantas lenhosas perenes e fornece uma ferramenta poderosa para acelerar a biologia comparativa, o melhoramento e a biotecnologia. (Myburg *et al,* 2014).

Na Tanzânia, estima-se que existam cerca de 25 000 ha de plantações de eucaliptos, dos quais 4 665 ha são cultivados pelo governo e os restantes são cultivados pelo sector privado e por pequenos agricultores. As espécies de eucalipto que são habitualmente plantadas na Tanzânia são: *E. grandis, E. camaldulensis, E. globules, E. viminalis, E. citriodora, E. regnas, E. E. saligna microtheca, E. tereticornis, E. maidenii. E. maculata, E. paniculata, E. resinífera, E. urophylla* e *E. robusta,* de acordo com (Pima *et al.*, 2016)

Basicamente, a utilização de cataplasma de carvão vegetal pode ser rastreada na história da humanidade e ser encontrada em uso há mais de muitos anos em todo o mundo. Por exemplo, nos Estados Unidos da América, por volta dos séculos XIX e XX, assiste-se à utilização de cataplasma de carvão para aliviar e salvar vidas, quando a Irmã Ellen G. White instruiu o Dr. Merritt Kellogg a utilizar cataplasma feita de carvão pulverizado para tratar uma jovem que estava perigosamente doente. Ela tinha contraído febre enquanto estava no acampamento, e foi levada para um edifício escolar perto de

Melbourne, Austrália. Mas ela piorou tanto que se temeu que não pudesse viver. No entanto, o médico apressou-se a sair para seguir as instruções da irmã E.G. White. Logo ele voltou, dizendo: "O alívio veio em menos de meia hora após a aplicação de os emplastros.

Ela está agora a ter o primeiro sono natural que teve durante dias". Consideremos as seguintes citações:

"Há muitas ervas simples que, se as nossas enfermeiras aprendessem o seu valor, poderiam usar em vez de medicamentos, e que considerariam muito eficazes. Muitas vezes me pediram conselhos sobre o que deveria ser feito em casos de doença ou acidente, e eu mencionei alguns desses remédios simples, e eles se mostraram úteis." 2SM 295.1

"Certa vez, um médico veio ter comigo em grande aflição. Ele tinha sido chamado para atender uma jovem que estava perigosamente doente. Ela tinha contraído febre enquanto estava no acampamento e foi levada para o prédio da nossa escola perto de Melbourne, na Austrália. Mas ela piorou tanto que se temia que não pudesse viver. O médico, Dr. Merritt Kellogg, veio ter comigo e disse: "Irmã White, tem alguma luz para mim sobre este caso? Se não for possível aliviar a nossa irmã, ela só pode viver algumas horas". Respondi: "Vá a uma ferraria e pegue um pouco de carvão pulverizado; faça um cataplasma com ele e coloque-o sobre o estômago e os lados dela". O médico apressou-se a seguir as minhas instruções. O médico apressou-se a seguir as minhas instruções e regressou logo a seguir, dizendo: "O alívio chegou em menos de meia hora após a aplicação dos cataplasmas. Ela está agora a ter o primeiro sono natural que teve durante dias." 2SM 295.2

"Ordenei o mesmo tratamento para outros que estavam a sofrer grandes dores, e isso trouxe alívio e foi o meio de salvar vidas. A minha mãe tinha-me dito que as mordeduras de cobras e as picadas de répteis e insectos venenosos podiam muitas vezes tornar-se inofensivas com a utilização de cataplasmas de carvão. Quando trabalhavam nas terras de Avondale, na Austrália, os operários magoavam-se frequentemente nas mãos e nos membros, o que, em muitos casos, resultava numa inflamação tão grave que o operário tinha de abandonar o trabalho durante algum tempo. Um deles veio ter comigo um dia neste estado, com a mão atada numa tipoia. Estava muito perturbado com esta circunstância; como a sua ajuda era necessária para limpar o terreno, eu disse-lhe: "Vai ao local onde tens andado a queimar a madeira e arranja-me algum carvão do eucalipto, pulveriza-o e eu trato-te da mão." Isso foi feito e, na manhã seguinte, ele relatou que a dor havia desaparecido. Logo estava pronto para voltar ao seu trabalho". 2SM 295.3

"Escrevo estas coisas para que saibais que o Senhor não nos deixou sem o uso de remédios simples que, quando usados, não deixarão o sistema na condição enfraquecida em que o uso de drogas tantas vezes o deixa. Precisamos de enfermeiras bem treinadas que possam compreender como usar os remédios simples que a natureza proporciona para restaurar a saúde, e que possam ensinar aos que ignoram as leis da saúde como usar essas curas simples, mas eficazes." 2SM 296.1, Considere também, -Carta 90, 1908

Em África, a utilização de cataplasmas de carvão vegetal também pode ser rastreada há muitos anos. Por exemplo, na África Oriental, especificamente na Tanzânia, os povos de língua Sukuma têm utilizado cataplasmas de carvão vegetal para tratar pessoas com inflamações devidas a mordeduras de cobras e picadas de répteis e insectos venenosos, bem como danos provocados por queimaduras de fogo. A cataplasma de carvão de eucalipto *(Eucalyptus grandis)* tem muitos valores medicinais significativos na cultura nativa da Tanzânia e em todo o mundo que não foram provados cientificamente. Uma das utilizações populares da cataplasma de carvão de eucalipto, para além de neutralizar envenenamentos de quase todos os tipos, incluindo cogumelos, drogas, pesticidas, herbicidas, substâncias cancerígenas, metais pesados, gases, gasolina, é o seu potencial para neutralizar o veneno das cobras e tornar inofensiva a picada dos répteis.

Crise no fornecimento de antiveneno de serpentes para África

Em África, as mordeduras de serpentes causam centenas de mortes por ano e milhares de casos de incapacidade física permanente. (Warrell e Arnett, 1976) Em todos os países afectados, há uma escassez crescente de antiveneno, o único tratamento específico eficaz. Anteriormente, os principais produtores de antiveneno para África eram o South African Institute for Medical Research (SAIMR), a Aventis Pasteur em França e a Behringwerke na Alemanha. Estas empresas mal produziam antiveneno eficaz suficiente para África. Nos últimos anos, porém, a Behringwerke deixou de produzir antiveneno; a Aventis Pasteur não produziu qualquer antiveneno para utilização em África nos últimos 2 anos, e o SAIMR está a ser privatizado, o que provavelmente significa que a produção não rentável de antiveneno irá cessar. Em resultado destas mudanças, o peso da morbilidade e mortalidade causadas por mordeduras de cobra no continente já está a aumentar. Atualmente, em África, a escolha é entre antivenenos importados, não específicos e ineficazes, fabricados na Ásia, utilizando venenos inadequados, e tratamentos tradicionais não comprovados e frequentemente perigosos. Na Nigéria, os falsos antivenenos estão agora a inundar o mercado. Há alguns anos, surgiram esperanças com a criação de uma empresa farmacêutica anglo-americana, a Therapeutic Antibodies UK Ltd, cujo objetivo era produzir antivenenos para utilização em países menos e mais desenvolvidos. A produção de um novo antiveneno para utilização na África Ocidental foi fortemente apoiada, política e financeiramente, pelo Ministério Federal da Saúde da Nigéria, com aconselhamento e ajuda prática de peritos do Centro de Medicina Tropical da Universidade de Oxford e da Escola de Medicina Tropical de Liverpool. Como resultado, as ovelhas galesas foram imunizadas com veneno obtido de serpentes nigerianas. O novo antiveneno foi avaliado pré-clinicamente em Liverpool (Laing GD *et all.,* 1995) e comparado clinicamente com o antiveneno PasteurMerieux disponível em pacientes mordidos por serpentes no nordeste da Nigéria. (Meyer WP *et all.,* 1997). Naquela região, nas épocas de sementeira e colheita, até 70% das camas hospitalares são ocupadas por vítimas de mordedura de cobra. A Therapeutic Antibodies UK Ltd fundiu-se com outra empresa para formar a Protherics Plc em 1999. O novo antiveneno de cascavel da empresa, recentemente aprovado pela Food and Drug Administration dos EUA, custa £6000 por tratamento. Por razões comerciais, esta empresa deixou de se empenhar na produção de antivenenos para os países menos desenvolvidos. No entanto, uma ramificação, a Micropharm Ltd, planeia uma nova colaboração com o Ministério Federal da Saúde da Nigéria para continuar a produção de antivenenos e ajudar na transferência de tecnologia adequada para a Nigéria. Esta iniciativa é financiada por uma subvenção de três anos concedida por dois Conselhos de Investigação do Reino Unido, pelo Governo Federal da Nigéria e, se for bem sucedida, poderá constituir um modelo para outros países africanos. Entretanto, os produtores de antivenenos sobreviventes, especialmente os dos países menos desenvolvidos que têm capacidade de produção excedentária, devem ser encorajados a fabricar antivenenos geograficamente relevantes. Nos países menos desenvolvidos, mesmo um tratamento que custe apenas £3 por frasco pode ser inacessível.

O cataplasma de carvão vegetal

O que é que se passa?

Uma cataplasma de carvão vegetal é uma aplicação de carvão vegetal sobre uma parte do corpo. O ingrediente ativo é normalmente uma mistura de carvão vegetal pulverizado e água, podendo também conter sementes de linho moídas ou outros componentes.

Como é que o pode ajudar?

O carvão vegetal tem poderosas propriedades de atração que podem ser utilizadas com grande vantagem em muitas situações, tanto a nível interno como externo. Tem um grande efeito de limpeza e ajuda na cura do corpo. Pode adsorver gases tóxicos, venenos, fluidos, etc., absorvendo até 80 vezes o seu próprio peso da substância adsorvida. Tomado internamente sob a forma de comprimido, cápsula ou pasta, o carvão vegetal é o meio mais precioso de que dispomos para tratar as intoxicações, sendo também muito eficaz no tratamento de gases abdominais, diarreias, etc. Externamente, sob a forma de cataplasma, tem as seguintes aplicações

-Antídoto para mordeduras e picadas, incluindo formigas, abelhas, vespas, mosquitos, cobras - Fazer uma cataplasma de tamanho adequado e aplicar no local da mordedura. O alívio da dor e de outros sintomas é geralmente muito rápido, e é mesmo eficaz para as pessoas alérgicas à picada. Em caso de picada de cobra, fazer imediatamente uma cataplasma de carvão e água suficientemente grande para cobrir toda a extremidade, ou uma grande área do corpo à volta da picada. Mudar a cataplasma de 10 em 10-15 minutos. Tomar carvão vegetal por via interna em grandes quantidades. Continuar enquanto houver dor e inchaço. Se estes sintomas se agravarem, colocar compressas de gelo na parte do corpo mordida.

-Para combater os envenenamentos de quase todos os tipos, incluindo cogumelos, drogas, pesticidas, herbicidas, substâncias cancerígenas, metais pesados, gases, gasolina, etc., tomar muito carvão vegetal por via interna e aplicar uma cataplasma sobre o fígado.

-Olhos inflamados, meningite e encefalite - aplicar como cataplasma nos olhos, quente, morno ou frio, conforme se sentir mais confortável.

-Gases intestinais, diarreia, indigestão, cólon irritável ou espástico, etc. Aplicar uma cataplasma grande sobre o abdómen e tomar carvão vegetal por via interna.

-Reduzir o inchaço de quase todos os tipos - aplicar cataplasma sobre o inchaço. Isto é muito poderoso e, de facto, retira fluidos através da pele e para o carvão. Em caso de insuficiência renal, a urina é extraída; em caso de obstrução do canal biliar, a bílis é extraída; em caso de inchaço causado por traumatismos ou lesões, o excesso de líquido é extraído; em caso de inchaço das articulações, o líquido é extraído, etc.

-Infecções - adsorve bactérias, vírus, toxinas, secreções de feridas, etc. Também desodoriza as feridas malcheirosas.

-Inflamação de qualquer tipo - aplicar cataplasma sobre a inflamação.

-Ajuda o fígado em caso de doença ou de carga pesada - aplicar a cataplasma sobre a zona do fígado. A insuficiência hepática pode ser tratada com cataplasmas de carvão vegetal.

-Alivia dores de vários tipos. Dores abdominais, dores de garganta, dores de ouvidos, entorses, artrite, pleurisia e outras dores respondem normalmente de forma rápida a um cataplasma de carvão.

Precauções a ter em conta

-Não se sabe se as aplicações externas de carvão vegetal causam algum tipo de problema.

Tomado internamente, não há contra-indicações conhecidas para a utilização do carvão vegetal, exceto no caso de uma pessoa ocasionalmente muito sensível devido a uma inflamação intestinal e de uma pessoa rara que pode ficar ligeiramente obstipada. Não foram registadas alergias.

-O tipo de carvão vegetal utilizado é importante. O carvão produzido a partir do eucalipto é um dos melhores. Em caso de emergência, utilize o tipo de carvão que conseguir arranjar. Não utilize torradas queimadas ou outros alimentos, pois este tipo de carvão pode ser cancerígeno.

-A aplicação de carvão vegetal numa pele recentemente ferida pode causar um efeito de tatuagem. Em vez disso, utilizar confrei ou cataplasma semelhante até se formar uma crosta.

-Tenha cuidado com as aplicações internas de carvão vegetal - em caso de dúvida, tome mais carvão vegetal!

https://www.scribd.com/document/33719973/Charcoal-Poultice

CAPÍTULO 3

3.0 MATERIAIS E MÉTODOS

3.1 Desenho experimental sobre a avaliação do cataplasma *de Eucalyptus grandis* como antídoto para o veneno de cobra.

A experiência tem como objetivo avaliar o cataplasma de *Eucalyptus grandis* como antídoto para o veneno de cobra

A conceção envolve:

Preparação do veneno: Prepara-se uma solução a 5% de veneno de cobra.
Preparação de cataplasmas: O carvão de eucalipto é pulverizado, macerado; embebido em água e depois concentrado em banho-maria...
Animais de laboratório: Apenas oito ratos são utilizados como animais experimentais devido a considerações éticas
Rotulagem: Os ratos do grupo de controlo são etiquetados por ordem alfabética e os ratos dos grupos de amostra são etiquetados com números
Administração do veneno: Quatro ratos do grupo de controlo são envenenados sem tratamento, ao contrário dos quatro ratos do grupo de amostra; estes foram tratados depois de serem envenenados. **Grupo de amostra:** Quatro ratos identificados como 1,2,3 e 4 recebem o cataplasma de carvão de eucalipto em momentos específicos após o envenenamento.
Grupo de controlo: Os ratos identificados como a,b,c e d são apenas envenenados.
Observação: O tempo até à mortalidade é registado para todos os ratos que morreram.

Recolha de veneno de cobra num saco de gelo.

(O veneno de cobra é colocado num saco de gelo para não ser desnaturado pelo calor durante o transporte do campo para o local da experiência).

DESCRIÇÃO DO GRUPO

GROUPS	Sub-Group	rats	Description	
Control group	Group 1	a	Administered with less poisonous snake solution (The top most part of solution was considered to be less poisonous due to lower snake venom concentration upwards direction)	Control group were not treated at all
		b		
	Group 2	c	Administered with high poisonous snake solution (The bottom most part of solution was considered to be more poisonous due to higher snake venom concentration downwards directions)	
		d		
Sample group	Group 1	1	Treated after 5 minutes following envenomation	Sample group were rats treated post envonomation
		2		
	Group 2	3	Treated after 15 minutes following envenomation	
		4		

Grupo de ratos *(Rattus norvégiens)* preparados para a experiência

3.1.1 Materiais e métodos

O antiveneno citotóxico de serpentes foi preparado a partir do seu cataplasma essencial pulverizado obtido por maceração. Recolheram-se 500 g de carvão de eucalipto pulverizado e mergulharam-se em 1000 ml de água destilada durante 3 dias para permitir a extração eficaz dos fitoquímicos desse carvão pulverizado e, finalmente, a mistura foi colocada num banho de água para concentrar ainda mais a cataplasma obtida. Além disso, no caso do veneno de cobra, 10 microlitros de veneno foram cuidadosamente misturados em 40 microlitros de água de injeção para obter 5% da solução. Devido a considerações éticas, especialmente no que diz respeito ao princípio de reduzir o número de animais de laboratório utilizados para fins experimentais, apenas oito ratos foram utilizados neste estudo, sendo que quatro ratos foram utilizados como controlo e os restantes quatro ratos serviram como amostras. Foi feito da seguinte forma: dois ratos do grupo um dos ratos de controlo tiveram as coxas ligeiramente depiladas e depois esfoladas um pouco com uma tesoura e uma pinça para obter um local para injetar o veneno de cobra com uma agulha de insulina. O tempo foi registado depois de cada um ter sido envenenado, depois o terceiro e o quarto ratos do grupo um de ratos de amostra foram tratados como os dois anteriores, exceto que, no quinto minuto, foram introduzidos com o cataplasma de carvão de eucalipto preparado no local onde foram envenenados, de modo a avaliar a eficácia do remédio (este antiveneno em particular), o tempo também foi registado. Em seguida, os outros dois ratos do grupo dois de controlo tiveram as coxas ligeiramente rapadas e depois esfoladas um pouco com uma tesoura e uma pinça para obter um local para injetar o veneno de cobra com uma agulha de insulina e foram também ligeiramente injectados. O tempo foi registado depois de cada um ter sido envenenado, depois o sétimo e o oitavo ratos do grupo dois de ratos de amostra foram tratados como os dois anteriores, exceto que, no décimo quinto minuto, foram introduzidos com o cataplasma de carvão de eucalipto preparado no local onde foram envenenados, de modo a avaliar a eficácia do remédio (este antiveneno em particular), o tempo também foi registado. Note-se que cada rato foi introduzido com 10 microlitros da solução preparada a 5% contendo veneno de cobra.

A experiência tem como objetivo avaliar a eficácia da dose de concentração da cataplasma *de Eucalyptus grandis* como antídoto para o veneno de cobra.

DESCRIÇÃO DO GRUPO

GROUPS	Sub-Group	rats	Description	
Control group	Group 1	a	Administered with less poisonous snake solution (The top most part of solution was considered to be less poisonous due to lower snake venom concentration upwards direction)	Control group are not treated at all
		b		
	Group 2	c	Administered with high poisonous snake solution (The bottom most part of solution was considered to be more poisonous due to higher snake venom concentration downwards directions)	
		d		
Sample group	Group 1	1	Administered with 500g/1000Ml of anti-venom	Sample group are rats treated post envenomated
		2		
	Group 2	3	Administered with 250g/1000Ml of anti-venom	
		4		

3.2.1 Materiais e métodos

Este estudo centra-se no desenvolvimento de um antiveneno citotóxico para serpentes a partir do seu cataplasma essencial pulverizado obtido por maceração. Foram recolhidos 500g e 250g de carvão de eucalipto pulverizado e mergulhados em 1000ml de água destilada durante 3 dias, respetivamente, para permitir uma extração eficaz dos fitoquímicos do carvão pulverizado e, finalmente, as misturas foram colocadas num banho de água para concentrar ainda mais a cataplasma obtida. Além disso, no caso do veneno de serpente, o veneno da cobra cuspideira foi diluído numa proporção de 1:5, em que 10 microlitros de veneno foram cuidadosamente misturados em 40 microlitros de água para injeção, de modo a obter 5% da solução. Os testes envolveram a introdução de 10 microlitros da solução a 5% contendo veneno de cobra num local ligeiramente incisado da parte do corpo do rato e, em seguida, o cataplasma preparado contendo 500g e 250g foi colocado/vestido sobre esse local específico para os ratos do grupo um e dois, respetivamente, dois ratos por cada grupo, perfazendo um total de quatro ratos. Os restantes quatro ratos de controlo foram tratados da mesma forma, à exceção da aplicação de cataplasma sobre o local ligeiramente incisado, no qual foram introduzidos 10 microlitros de solução a 5% contendo veneno de cobra. Depois de testar e comparar os resultados, a eficácia avaliada dos cataplasmas de carvão de eucalipto *(Eucalyptus grandis)* no que diz respeito à dose de concentração no tratamento de ratos após exposição ao veneno de cobra foi extrapolada para os cuidados de saúde humanos de forma significativa devido a esta investigação científica experimental (estudo) aleatória.

3.3 Dimensão da amostra

A dimensão da amostra utilizada foi obtida através da seguinte fórmula

$$N = \frac{Z^2 \times P\,(1-P)s}{M^2}$$

Onde

N = dimensão da amostra, **Z** = desvio normal padrão **(pontuação z)**, **P** = percentagem da população-alvo e **M** = margem de erro (grau de frequência). Utilizando a fórmula supra, a dimensão aproximada da amostra era **N** = 384, mas, devido a recursos limitados e a considerações éticas, especialmente no que se refere ao princípio da redução do número de animais de laboratório utilizados para fins experimentais, apenas foram adquiridos oito ratos por cada experiência a uma unidade de investigação de animais de pequeno porte. Assim, foi utilizada uma amostra de **N** = 8 (ratos) por cada experiência.

3.4 Local e duração do estudo

A experiência foi realizada na Unidade de Investigação de Pequenos Animais (SARU) da Faculdade de Medicina Veterinária e Ciências Biomédicas. No Município de Morogoro, na região de Morogoro, na Tanzânia. Este estudo decorreu de janeiro de 2023 a julho de 2023.

CAPÍTULO 4

4.0 RESULTADOS.

4.1 Resultados da avaliação *do* cataplasma *de Eucalyptus grandis* como antídoto para o veneno de cobra.

Os dois ratos do grupo de controlo Rat "a" e "b" morreram após 46 minutos e 44 minutos, respetivamente; em média, morreram após 45 minutos. No entanto, as ratazanas 1 e 2 do grupo de amostragem 1 sobreviveram durante toda a experiência. As duas ratazanas ("ratazana c" e "ratazana d") do grupo de controlo dois morreram 7 minutos cada uma depois de terem sido envenenadas; 26 minutos foi o tempo médio total para todas as ratazanas do grupo de controlo, tanto do grupo um como do grupo dois, morrerem depois de terem sido envenenadas.

O rato 3 e o rato 4 do grupo de amostragem dois duraram 80 minutos e 76 minutos, respetivamente; assim, para eles, 78 minutos foi o tempo médio até à morte. Além disso, os ratos de controlo apresentaram inchaço, bolhas e perda de função no local onde o veneno foi introduzido antes de morrerem. No entanto, apesar de terem morrido, o sétimo e o oitavo ratos; o rato "3" e o rato "4", respetivamente, do grupo de dois ratos de amostra, não apresentaram inflamação significativa.

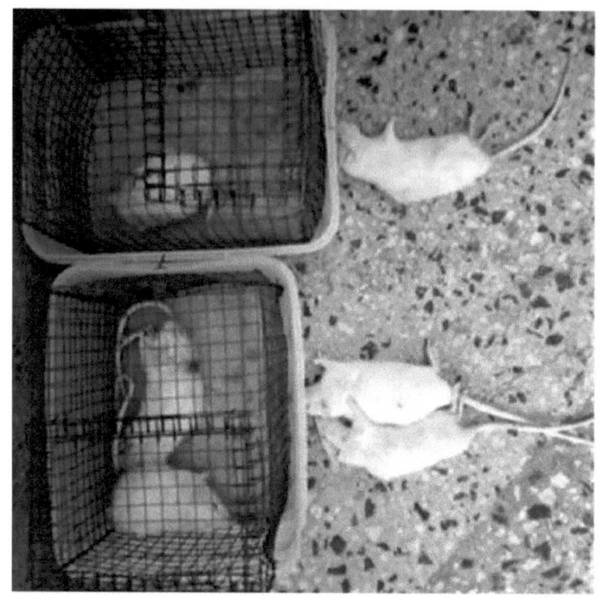

Os ratos *(Rattus norvégiens)* aos quais não foi administrada a cataplasma de *Eucalyptus grandis*, morreram todos.

Tabela 1. Mostra o tempo médio até à morte para o grupo de controlo

Control group	Rat	Time taken for death (minutes)	Average time taken to death (minutes)	Total average of time taken to death (minutes)
Group 1	a	46	45	26
	b	44		
Group 2	c	7	7	
	d	7		

Tabela 2. Mostra o tempo decorrido até à morte para o grupo de amostra

<table>
<tr><th colspan="3">Group 1 (5')</th><th colspan="3">Group 2 (15')</th></tr>
<tr><th>Rat</th><th>Time to death</th><th>Average time to death</th><th>Rat</th><th>Time to death (minutes)</th><th>Average time to death (minutes)</th></tr>
<tr><td>1</td><td>Survived</td><td rowspan="2">Survived throughout the experiment</td><td>3</td><td>80</td><td rowspan="2">78</td></tr>
<tr><td>2</td><td>Survived</td><td>4</td><td>76</td></tr>
</table>

4.2 Resultados sobre a eficácia da dose concentrada de cataplasma *de Eucalyptus grandis* como antídoto para o veneno de cobra.

Os ratos "a" e "b" do grupo de controlo um morreram após 43 minutos e 34 minutos, respetivamente. No entanto, os ratos "1" e "2" sobreviveram durante toda a experiência. As ratazanas "c" e "d" do grupo de controlo morreram 10 minutos cada uma após terem sido envenenadas. As ratazanas "3" e "4" duraram 70 minutos e 61 minutos, respetivamente. Além disso, todos os ratos de controlo; ratos "a", "b", "c" e d exibiram inchaço, bolhas, bem como perda de função no local onde o veneno foi introduzido antes de morrerem. No entanto, apesar de terem morrido, as ratazanas "3" e "4" do grupo dois não apresentaram inflamação significativa.

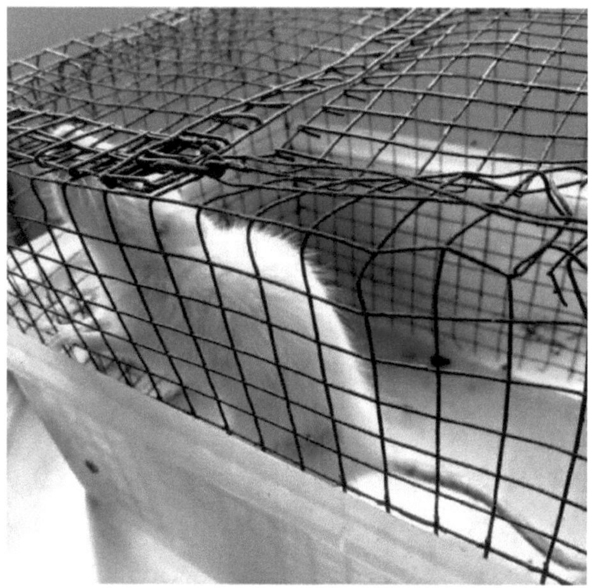

Os ratos que foram tratados com a dose adequada e administrados nos primeiros cinco minutos após terem sido envontrados sobreviveram durante toda a experiência.

Tabela 1. Mostra o tempo médio até à morte para o grupo de controlo

Control group	Rat	Time taken for death (minutes)	Average time taken to death (minutes)	Total average of time taken to death (minutes)
Group 1	a	43	39	24
	b	34		
Group 2	c	10	10	
	d	10		

Tabela 2. Mostra o tempo decorrido até à morte para o grupo de amostra

Group 1 (500g/1000mL)			Group 2 (250g/1000mL)		
Rat	Time to death	Average time to death	Rat	Time to death (min)	Average time to death (min)
1	Survived	Survived throughout the experiment	3	70	66
2	Survived		4	61	

CAPÍTULO 5

5.0 DEBATE.

5.1 Discussão sobre a avaliação do cataplasma *de Eucalyptus grandis* como antídoto para o veneno de serpentes

Quanto mais cedo o tratamento, melhor, esta afirmação foi provada como correta devido ao facto de ambos os ratos do grupo um terem sobrevivido ao veneno porque foram tratados mais cedo, no quinto minuto, com uma cataplasma de eucalipto, o antídoto preparado para cobras depois de terem sido envenenados, enquanto o sétimo e o oitavo ratos do grupo dois morreram apesar de também terem sido tratados com o mesmo antídoto que os do grupo um, porque estes ratos do grupo dois demoraram a ser tratados com esse antídoto específico.

Os dois ratos do grupo de controlo um duraram um pouco mais antes de morrerem depois de serem envenenados, em comparação com os outros dois ratos do grupo de controlo dois; isto pode ter sido causado pelo facto de o veneno de cobra ter sido submerso na solução preparada a 5% contendo o veneno de cobra, pelo que a parte inferior estava carregada com mais veneno do que a parte superior e considerando que o volume da solução era de 50 microlitros, tendo cada rato recebido 10 microlitros, assim, os 20 microlitros superiores, que tinham menos veneno, foram dados aos dois ratos do grupo de controlo um, pelo que morreram tarde, e os 10 microlitros inferiores foram dados ao "rato c" do grupo de controlo número dois, e como se considerou que essa porção continha mais veneno, esse rato morreu demasiado cedo.

Qual é a novidade? O "rato d" do grupo de controlo dois também morreu mais cedo! Apesar do facto de lhe ter sido dada a porção superior da solução a 5% preparada a seguir! Isto pode dever-se a uma proporção inadequada ou ao facto de a agulha ter sido aprofundada até ao fundo durante a obtenção da amostra do recipiente. Também se pode observar o facto de o "rato 4" ter durado menos tempo do que o "rato 3", apesar de ambos partilharem o grupo de amostragem dois, onde ambos foram tratados com antídoto para cobras ao décimo quinto minuto. Isto também é possível porque o oitavo rato recebeu a porção inferior da solução em comparação com o "rato 3".

No que se refere ao inchaço, às bolhas e à perda de função no local onde o veneno foi introduzido nos ratos de controlo antes de morrerem, estas manifestações clínicas revelaram-se muito verdadeiras, uma vez que o veneno introduzido nos corpos desses ratos era um veneno de cobra citotóxico que pode provocar edema (retenção de líquidos), bolhas graves, apoptose (morte celular) e necrose. Como o nome também sugere, o veneno citotóxico mata as células. Em suma, o veneno citotóxico tende a causar inflamação, ou seja, a reação do tecido vivo vascularizado a uma lesão local, na tentativa de impedir a lesão, de se livrar do agente lesivo, de eliminar o tecido morto e de reparar o tecido danificado. Esta reação provoca no corpo os seguintes sinais cardinais: vermelhidão, inchaço, calor, dor e perda de função. No entanto, apesar do facto de tanto o sétimo como o oitavo ratos também terem morrido, não mostraram uma inflamação significativa nos seus tecidos quando foram imediatamente inoculados com veneno de cobra seguido de cataplasma de eucalipto no décimo quinto minuto. Isto também pode ser brevemente manifestado pelo facto de que a cataplasma de eucalipto aplicada no local envenenado serviu como antiveneno que funciona neutralizando o veneno, potencialmente salvando as células da vítima e a vida em geral, uma vez que o antiveneno da cataplasma de eucalipto contém fitoquímicos vitais, incluindo taninos que se ligam e precipitam proteínas, fenol, que ajuda a proteger as células contra os radicais livres devidos ao veneno ou às radiações. Estes radicais livres são a etiologia de muitos problemas crónicos de saúde, como as doenças cardiovasculares e inflamatórias, as cataratas e o cancro, que podem levar ao cancro. O outro fitoquímico encontrado no antiveneno de cataplasma de eucalipto são os corticosteróides, os agentes anti-inflamatórios.

5.2 Discussão sobre a eficácia da dose de concentração da cataplasma *de Eucalyptus grandis* como antídoto para o veneno de cobra.

Quanto maior for a dose de concentração melhor, esta afirmação foi comprovada pelo facto de ambos os ratos "1" e "2" do grupo um terem sobrevivido ao veneno porque foram tratados com uma cataplasma de eucalipto mais concentrada do que os ratos "3" e "4" do grupo dois que morreram apesar de também terem sido tratados com o mesmo antídoto que os ratos do grupo um, porque estes ratos do grupo dois foram tratados com o mesmo antídoto mas cuja dose de concentração foi menor do que a utilizada para tratar ambos os ratos do grupo um.

Os ratos "a" e "b" do grupo de controlo um duraram um pouco mais antes de morrerem depois de serem envenenados, em comparação com os outros dois ratos do grupo de controlo dois; isto pode ter sido causado pelo facto de o veneno de cobra ter sido submergido na solução preparada a 5% contendo o veneno de cobra, pelo que a parte inferior estava carregada com mais veneno do que a parte superior e considerando que o volume da solução era de 50 microlitros, cada rato recebeu 10 microlitros, Assim, os 20 microlitros superiores, que tinham menos veneno, foram dados aos dois ratos do grupo de controlo um, pelo que morreram tarde, e os 10 microlitros inferiores foram dados ao quinto rato do grupo de controlo número dois, e como se considerou que essa porção continha mais veneno, esse rato morreu demasiado cedo.

Qual é a notícia sobre o rato "d" do grupo de controlo que também morreu mais cedo! Apesar do facto de lhe ter sido dada a porção superior da solução a 5% preparada a seguir! Isto pode dever-se a uma proporção inadequada ou ao facto de a agulha ter sido aprofundada até ao fundo durante a obtenção da amostra do recipiente. Também se pode observar o facto de o último (rato 4) ter durado menos tempo do que o rato "3", apesar de ambos partilharem o grupo de amostragem dois, onde ambos foram tratados com antídoto para cobras. Isto também é possível porque o rato "4" recebeu a porção inferior da solução em comparação com o rato "3".

No que diz respeito ao inchaço, às bolhas e à perda de função no local onde o veneno foi introduzido nos ratos de controlo antes de morrerem, estas manifestações clínicas revelaram-se muito verdadeiras, uma vez que o veneno introduzido nos corpos desses ratos era um veneno de cobra citotóxico que pode provocar edema (retenção de líquidos), bolhas graves, apoptose (morte celular) e necrose. Como o nome também sugere, o veneno citotóxico mata as células. Em suma, o veneno citotóxico tende a causar inflamação, ou seja, a reação do tecido vivo vascularizado a uma lesão local, na tentativa de parar a lesão, de se livrar do agente lesivo, de limpar o tecido morto e de reparar o tecido danificado. Esta reação provoca no corpo os seguintes sinais cardinais: vermelhidão, inchaço, calor, dor e perda de função. No entanto, apesar do facto de tanto o rato "3" como o "4" também terem morrido, não apresentaram uma inflamação significativa nos seus tecidos quando foram imediatamente inoculados com veneno de cobra seguido de cataplasma de eucalipto. Isto também pode ser brevemente manifestado pelo facto de que a cataplasma de eucalipto aplicada no local envenenado serviu como anti-veneno que funciona neutralizando o veneno, potencialmente salvando as células da vítima e a vida em geral, uma vez que a cataplasma anti-veneno de eucalipto contém fitoquímicos vitais, incluindo taninos que se ligam e precipitam proteínas, fenol, que ajuda a proteger as células contra os radicais livres devidos ao veneno ou às radiações. Estes radicais livres são a etiologia de muitos problemas crónicos de saúde, como as doenças cardiovasculares e inflamatórias, as cataratas e o cancro, que podem levar ao cancro. O outro fitoquímico encontrado na cataplasma de eucalipto antiveneno são os corticosteróides, os agentes anti-inflamatórios.

CAPÍTULO 6

6.0 CONCLUSÕES E RECOMENDAÇÕES

6.1 CONCLUSÃO

Este estudo demonstra o potencial da cataplasma de eucalipto como antídoto eficaz contra o veneno de serpentes. Os resultados contribuem para a expansão do conhecimento em torno de terapias alternativas para o envenenamento por serpentes e abrem caminho para futuras investigações de formulações de cataplasma de eucalipto.

Além disso, estas duas experiências mostram que a cataplasma de *Eucalyptus grandis* é muito eficaz quando factores como o tempo e a dose de concentração são tomados em consideração.

1. TEMPO

Quanto mais cedo o tratamento, melhor.

De acordo com a experiência de avaliação do cataplasma *de Eucalyptus grandis* como antídoto para veneno de cobra, cinco minutos foram suficientes para demonstrar a eficácia do antiveneno para ratos, uma vez que os ratos tratados nesse tempo sobreviveram durante toda a experiência. No entanto, quinze minutos foram suficientes para interferir na eficácia deste antiveneno para ratos, uma vez que os ratos tratados dentro de quinze minutos morreram.

2. CONCENTRAÇÃO DOSE

Quanto maior for a dose de concentração, melhor

De acordo com a experiência sobre a eficácia da dose de concentração da cataplasma *de Eucalyptus grandis* como antídoto para o veneno da cobra, a dose de 500g/1000ml conseguiu neutralizar o veneno da cobra, fazendo com que os ratos tratados com ela sobrevivessem ao veneno durante toda a experiência, mas a dose de 250g/1000ml não o fez, uma vez que os ratos tratados com esta dose menor acabaram por morrer. Estas descobertas podem ser extrapoladas para o homem e fazer o melhor.

Quando a dose de concentração adequada foi aplicada na altura certa, o cataplasma de *Eucalyptus grandis* como antídoto para o veneno de cobra provou ser mais eficaz.

6.2 RECOMENDAÇÕES

São necessárias mais investigações para elucidar a eficácia da cataplasma de eucalipto, uma vez que se trata de uma das muitas ervas simples que, se os nossos enfermeiros aprendessem o seu valor, poderiam utilizar em vez de medicamentos, e que considerariam muito eficazes. Os emplastros são um remédio caseiro seguro e eficaz para muitas doenças diferentes. De um modo geral, é melhor manter o carvão ativado num local fresco e seco, o mais protegido possível dos elementos. Quanto mais exposto estiver ao ar, mais absorverá o pessoal desse ar e menos eficaz será mais tarde. Se for armazenado em recipientes herméticos, o carvão ativado tem um prazo de validade quase indefinido.

7.0 REFERÊNCIAS

Gurib-Fakim A., Mol. Aspect. Med., 2006, 27:1. Mahomoodally M.F., Evid. Based Complement. *AlternatMed.,* 2013, 2013:617459.

Mahamadi C., Wunganayi T., Cogent Chem., 2018, 4:1538547. Médicos Sem Fronteiras. Snakebite in South Sudan: *little hope of a cure for the most vulnerable.* 2014, Disponível: https://www.msfaccess.org/snakebite-southsudan-little-hope-cure-most- vulneráveis

Myburg, A. A., Grattapaglia, D., Tuskan, G. A., Hellsten, U., Hayes, R. D., Grimwood, J., Jenkins, J., Lindquist, E., Tice, H., Bauer, D., Goodstein, D. M., Dubchak, I., Poliakov, A., Mizrachi, E., Kullan, A. R. K., Hussey, S. G., Pinard, D., Merwe, K. Van Der, Singh, P., ... Byrne, M. (2014). O genoma do *Eucalyptus grandis.* https://doi.org/10.1038/nature13308

Nishijima C.M., Rodrigues C.M., Silva M.A., Lopes-Ferreira M., Vilegas W., Hiruma-Lima C.A., Molecules, 2009, 14:1072. Ochola F.O., Okumu M.O., Muchemi G.M., Mbaria J.M., Gikunju J.K., Pan Afr. Med. J., 2018, 29:217.

Wangoda R., Watmon B., Kisige M., East Central Afr. J. Surg., 2004, 9:1. Devi C.M., Bai M.V., Lal A.V., Umashankar P.R., Krishnan L.K., J. *Biochem. Biophys. Method.* 2002, 51:129.

Chintamunnee V., Mahomoodally M.F., J. Herbal Med., 2012, 2:113, WHO Global Report on Traditional and Complementary Medicine, 2019, Acedido em 04 Mar 2020, Disponível em https://www.who.int/traditionalcomplementary integrative medicine /Who Global Report On Traditional And Complementary Medicine 2019.pdf?ua=1

Okumu M.O., Patel M.N., Bhogayata F.R., Ochola F.O., Olweny I.A., Onono J.O., Gikunju J.K., F1000Res., 2019, 8:1588 Omara T., Kagoya S., Openy A., Omute T., Ssebulime S., Kiplagat K.M., Bongomin O., Trop. Med. Saúde, 2020, 48:6.

Omara T., J. Toxicol, 2020, 2020:1828521., Harrison R.A., Oluoch G.O. Ainsworth S., Alsolaiss J., Bolton F., Arias A.S., Gutiérrez J.M., Rowley P., Kalya S., Ozwara H., Casewell N.R., PLoS Negl. Trop. Dis., 2017, 11: e0005969

Omara, T., Nakiguli, C. K., Naiyl, R. A., Opondo, F. A., Otieno, S. B., Ndiege, M. L., Mbabazi, I., Nassazi, W., Nteziyaremye, P., Okwir, A., & Etimu, E. (2021). *Jornal de Ciências Medicinais e Químicas Plantas Medicinais Utilizadas como*

Antídotos de Veneno de Serpente na Comunidade da África Oriental: Revisão e Avaliação de Evidências Científicas. 4, 107- 144. https://doi.Org/10.26655/JMCHEMSCI.2021.2.4

*R D G Theakston, D A Warrell

*Unidade de Investigação de Venenos de Alistair Reid, Centro de Colaboração da OMS para o Controlo de Antivenenos, Escola de Medicina Tropical de Liverpool Medicine, Liverpool L23 3AW, Reino Unido; e Centre for Tropical Medicine, University of Oxford, Oxford

Warrell DA, Arnett C. A importância das mordeduras pela víbora-escama-de-serra (Echis carinatus): estudos epidemiológicos na Nigéria e uma revisão da literatura mundial. Ata Trop 1976; 33: 307-41.

Laing GD, Lee L, Smith DC, Landon J, Theakston RDG. Avaliação experimental de um novo antiveneno de baixo custo para o tratamento do envenenamento por víbora do tapete (Echis ocellatus). Toxicon 1995; 33: 307-13.

Meyer WP, Habib AG, Onayade AA, et al. Primeira experiência clínica com um novo antiveneno para picada de cobra Fab Echis ocellatus na Nigéria: ensaio comparativo aleatório com o antiveneno africano do Instituto Pasteur (Ipser). Am J Trop Med Hyg 1997; 56: 291-300.Pima, N. E., Chamshama, S. A. O., Iddi, S., & Maguzu, J. (2016). Desempenho de crescimento de clones de eucalipto na Tanzânia. 4(3), 146-154.

https://doi.org/10.13189/eer.2016.040306

Tomaz M.A., Patrao-Neto F.C., Melo P.A., Plant Toxins, 2016, 1., Lançamento da estratégia global da OMS para o controlo e prevenção do envenenamento por mordedura de serpentes. Organização Mundial da Saúde, Genenva, Suíça. OMS, 2019, disponível em https://www.who.int/newsroom/events/launch-of-the-global-strategy-for- snakebiteprevention-and-control.

Warrell D.A., Gutiérrez J.M., Calvete J.J., Williams D., Indian J. Med. Res., 2013, 138:38, Gómez-Betancur I., Gogineni V., Salazar-Ospina A., León, Molecules F., 2019, 24:3276

https://www.scribd.com/document/33719973/Charcoal-Poultice

Branco. Por exemplo, quando se pede um conselho, Aconselham-se remédios simples, 2SM 295.3

Williams D., Gutierrez J.M., Harrison R., Warrell D.A., White J., Winkel K.D., Gopalakrishnakone P., Lancet, 2010, 375:89, Gutierrez J.M., Williams D., Fan H.W., Warrell D., Toxicon, 2010, 56:1223

Printed by Books on Demand GmbH, Norderstedt / Germany